“水·产·生·态·养·殖·技·术·手·册” 丛·书

鲤鱼
养殖技术手册

贵州省农业科学院水产研究所 / 编
张显波　罗天逊　胡锦丽 / 主编

贵州出版集团
贵州科技出版社

图书在版编目（C I P）数据

鲤鱼养殖技术手册 / 贵州省农业科学院水产研究所编；张显波，罗天逊，胡锦丽主编．-- 贵阳：贵州科技出版社，2022.8

（“水产生态养殖技术手册”丛书）

ISBN 978-7-5532-1070-4

Ⅰ．①鲤… Ⅱ．①贵… ②张… ③罗… ④胡… Ⅲ．①鲤-淡水养殖-手册 Ⅳ．① S965.116-62

中国版本图书馆 CIP 数据核字 (2022) 第 100384 号

鲤鱼养殖技术手册

LIYU YANGZHI JISHU SHOUCE

出版发行	贵州出版集团　贵州科技出版社
地　　址	贵阳市中天会展城会展东路 A 座（邮政编码：550081）
网　　址	http://www.gzstph.com
出 版 人	朱文迅
编辑策划	朱文迅　程冠华　袁　隽
经　　销	全国各地新华书店
印　　刷	贵州新华印务有限公司
版　　次	2022 年 8 月第 1 版
印　　次	2022 年 8 月第 1 次
字　　数	31 千字
印　　张	1.75
开　　本	787 mm x 1092 mm　1/32
定　　价	19.80 元

天猫旗舰店：http://gzkjcbs.tmall.com

京东专营店：http://mall.jd.com/index-10293347.html

序

近年来，我国水产养殖业发展取得了显著成绩，党中央、国务院高度重视生态文明建设和水产养殖业绿色发展。加快推进水产养殖业绿色发展，是落实新发展理念、保护水域生态环境、实施乡村振兴战略、建设美丽中国的重大举措和必然选择。2019 年农业农村部、生态环境部、自然资源部等十部委联合发布的《关于加快推进水产养殖业绿色发展的若干意见》(农渔发〔2019〕1 号)，为新时代渔业绿色发展指明了方向。2021 年，《贵州省国民经济和社会发展第十四个五年规划和二〇三五年远景目标纲要》提出，加快做大做强十二个农业特色优势产业，积极发展生态渔业。2022 年国务院发布的《国务院关于支持贵州在新时代西部大开发上闯新路的意见》(国发〔2022〕2 号)提出，支持贵州在新时代西部大开发上闯新路，在乡村振兴上开新局，在实施数字经济战略上抢新机，在生态文明建设上出新绩。

自 2018 年以来，贵州省委、省政府就将生态渔业列为全省十二大农业特色优势产业之一，生态渔业为 2020 年贵州撕掉千百年来的“绝对贫困”标签，打赢脱贫攻坚战，作出了重要贡献。现正处于乡村振兴的重要时期，如何结合农村实际情况，发挥好生态渔业的特色产业优势，是巩固拓展产业扶贫成果、实施乡村振兴战略的重要课题。

由贵州省农业科学院水产研究所牵头编写的“水产生态养殖技术手册”丛书，是“贵州乡村振兴”书系的重要组成部分。该丛书围绕当前农村地区水产养殖存在的养殖管理技术水平有限、养殖品种选择不准确等常见问题，向广大养殖户介绍常规养殖品种（如草鱼、鲤鱼、鲫鱼等）以及养殖效果较好的黄颡鱼、斑点叉尾鮰、牛蛙、加州鲈、鳄鱼、观赏鱼等特色养殖品种，对传统“稻渔”养殖模式进行分析，从养殖品种的生态习性、养殖管理方法、病害防治等多个方面进行最新知识的普及与技术手段的传播，以期解决养殖户日常碰到的各种养殖难题。整套丛书内容专业全面，形式生动活泼，指导性强，其出版可谓是生态渔业科普领域一项非常有意义的创新性工作。

衷心祝愿该丛书的出版获得成功！希望该系列图书能为每一位读者答疑解惑！

国家重点研发计划项目首席科学家，二级研究员

2022 年 7 月 7 日

目 录

第一篇

1

有哪些常见品种?

鲤鱼常见品种

福瑞鲤

农业部“十二五”主推的大宗淡水养殖鱼类新品种。

呆　鲤

又称为“乖乖鲤”，适宜山区、丘陵稻田养殖。

松浦镜鲤

具备体形完好、含肉率高、生长速度快、成活率高、适应性和抗病力强、人工驯化程度高、养殖经济效益高等诸多优点。

建　鲤

生长速度快，适合多种养殖方式饲养，抗病力强，易起捕，含肉率多，肉质好，且能自繁自育，不需杂交制种，可降低成本、节约劳动力，也便于推广。

第二篇

2

有哪些养殖主体?

养殖主体

企　业

规模化，标准化。

合作社

联农带农。

养殖大户

自行管理，养殖效益高。

一般养殖户

非主要产业，增加收入。

第三篇

3

有哪些繁育模式?

繁育模式

以池塘为主

以稻田为主

第四篇

4

如何进行亲本培育？

亲本培育

冬季雌雄分池

如何区分雌雄？

将雌鱼、雄鱼分别挑选出来后，分池饲养。

加强投喂

分池后，根据鲤鱼的摄食情况，适量投喂饲料。随着气温上升，逐步增加饲料投喂量。

可选择蛋白质含量较高的饲料，也可适量投喂大豆等高蛋白饲料。

监测水温

监测水温，达到 20 ℃即可准备繁殖。

第五篇

5

如何进行繁殖前准备？

繁殖前准备

催产剂

多情素

多多仔

繁殖池

先清塘，并用生石灰消毒繁殖池，1 周后再注入 80 厘米深的清水。

生石灰消毒

每亩（1 亩≈ 667 平方米）* 繁殖池的生石灰用量为 25~30 公斤（1 公斤 =1000 克 =2 斤）。

→

→

* 鉴于本书为农业科普性质图书，为便于广大农民群众阅读理解与实际操作，本书质量单位采用“公斤”，面积单位采用“亩”，并在全书第一次出现处分别给予其与“克”“斤”和“平方米”的换算关系；物理单位采用文字表述（如“平方米”）。

培水处理

对清塘、消毒过后的繁殖池进行培水处理。

培 水

在繁殖池周边堆放发酵过的牛粪或鸡粪，7天左右，水体中浮游生物的含量开始大量增加。

产卵巢材料处理

棕榈片、石松草、遮阳网等都可作为产卵巢材料。将产卵巢材料清洗、消毒、晒干后备用。

棕榈片

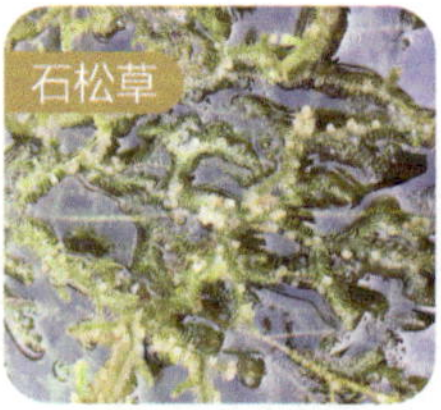
石松草

遮阳网

制作产卵巢

将产卵巢材料绑扎成束，要确保产卵巢能漂浮于水面，切忌产卵巢沉底。

第六篇

6

如何进行人工繁殖？

人工繁殖

繁殖时间

选择天气晴朗，且连续 1 周没有大幅度降温或暴雨的日子。

亲本挑选

雌鱼腹部膨大、柔软。

轻压雄鱼腹部，有乳白色精液流出。

配制催产剂

溶剂可采用生理盐水，也可采用纯净水。采用一次性注射方式。

雌鱼： 每公斤鱼体重混合注射多情素 100 U（U 是一种效价单位）、多多仔 5 微克（1 克 =1 000 000 微克）。

雄鱼： 将雌鱼的注射量减半即可。如性腺发育较好，也可不注射。

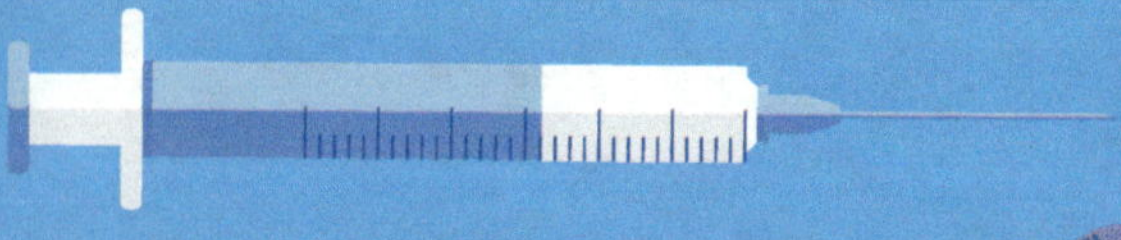

推荐催产剂的配制方式

购买每支 10 000 U 的多情素和每支 0.125 毫克（1 克 = 1000 毫克）的多多仔。

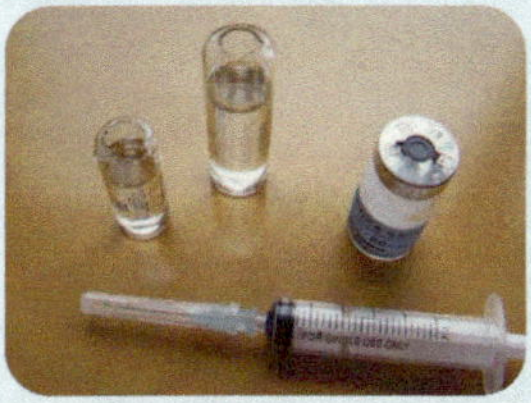

将多情素、多多仔各 1 支溶入水中后，稀释至 25 毫升（1 升 =1000 毫升），每公斤雌鱼体重注射 1 毫升。

注射部位

在胸鳍基部进行注射。

放入产卵池

将注射催产剂后的亲本鱼放入事先准备好的产卵池中。

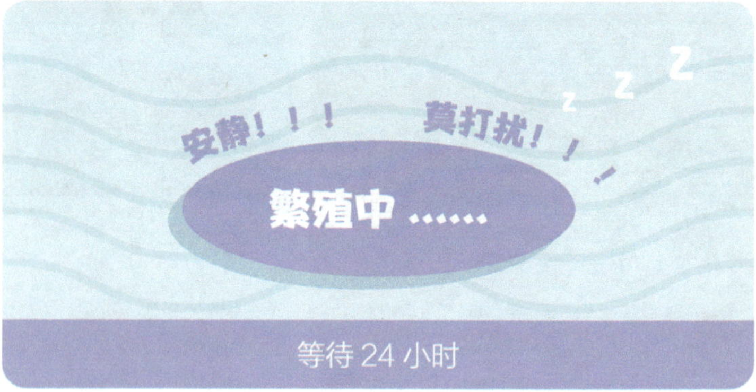

将注射催产剂后的亲本鱼放入产卵池中产卵

收集受精卵

将附有受精卵的产卵巢转移至孵化池和苗种培育池中，产卵巢应漂浮于水面。

第七篇

7

如何使鱼苗开口？

鱼苗开口

孵出小鱼

鱼池周边发现有小鱼苗后，观察产卵巢上受精卵的孵化情况，待其完全孵化后，取出产卵巢。

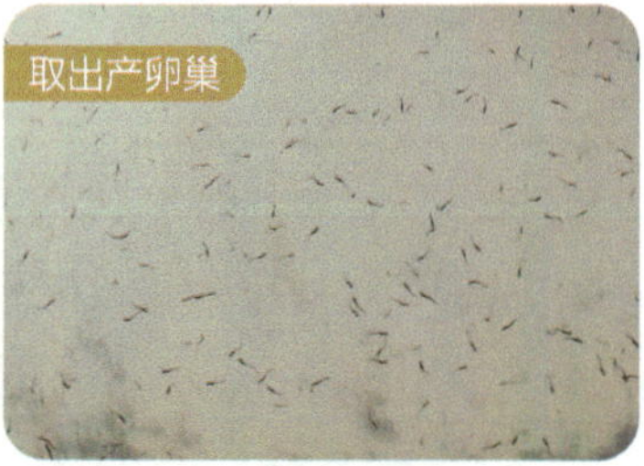

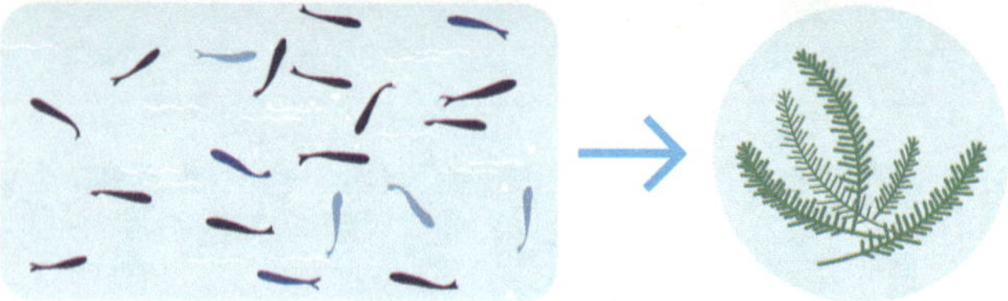

鱼苗开口料

开口投喂方法

将鸡蛋黄和饲料混合后溶入水中，然后用滤布过滤粗渣，形成悬浊液，沿苗种培育池边上泼洒。

开口投喂量

- ★ 1万尾鱼苗投喂1个鸡蛋黄和少量饲料。
- ★ 投喂饲料的目的是加快鱼苗转食。
- ★ 投喂1周后，停止投喂鸡蛋黄，转为全部投喂人工配合饲料。
- ★ 每天投喂3次以上。

鱼苗开口投喂

第八篇

8

如何进行鱼苗培育？

鱼苗培育

水质管理

加注新水的目的是为了保持水体透明度，保证水体营养丰富。

适时分塘

鱼苗生长到2个月左右时，使用鱼筛分塘。分塘有助于解除密度限制。

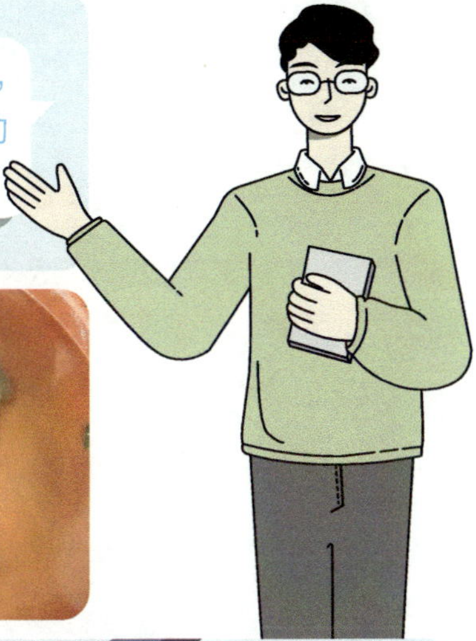

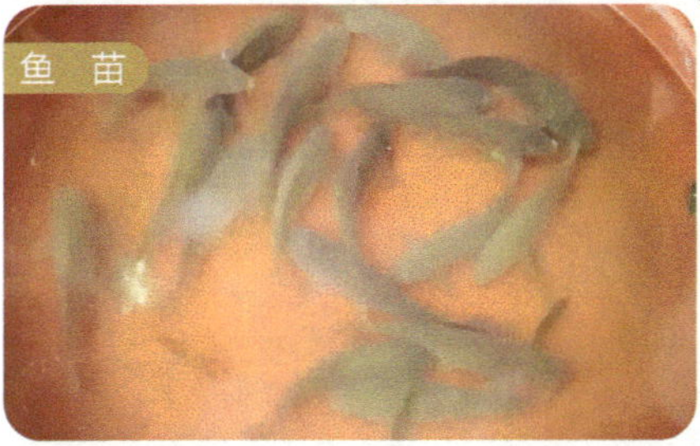

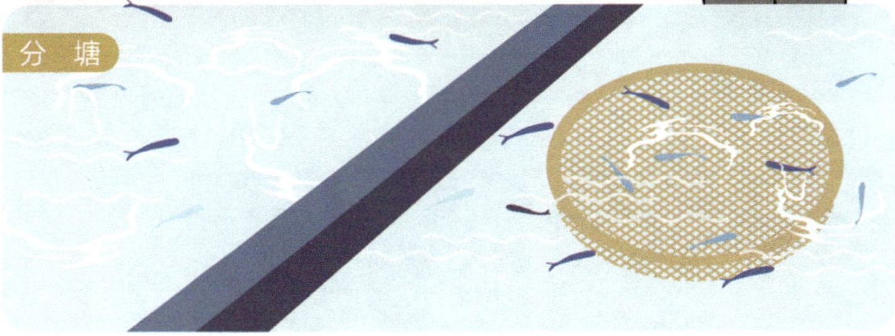

日常巡塘

每天不定时巡塘，注意观察水质变化、鱼活动情况等，凌晨还要观察是否出现浮头现象。

关注天气

遇到极端天气和断崖式降温天气，应提前做好防控准备，并减少饲料投喂。

投喂“四定”原则

定时！　定点！　定量！　定质！

第九篇

9

如何做好疾病防控?

疾病防控

水霉病 ★

症状：

病鱼在鱼池四周缓慢游动，表现为厌食，有时上蹿下跳，呈不安状游动。随着病情的发展，鱼体伤口处向外生长出棉毛状菌丝，部分组织坏死，加重鱼体负担，从而导致病鱼游动失常，食欲减退，最后因营养不良而死亡。

防治措施：

目前尚无理想的治疗方法，只有在患病早期及时处理才有一定效果。

★ 1% 的氯化钠和 0.04% 的碳酸钠混合液，浸浴 20 分钟以上，每天 1 次，连续 2~3 天。

★ 使用有效氯含量 8% 的消毒液全池泼洒，每天 1 次，连续 2 天。

细菌性烂鳃病

症状：

病鱼常离群独游，行动缓慢，食欲减退甚或不摄食，体色发黑（特别是头部变得乌黑），鳃丝腐烂且带有污泥，鳃盖骨内表面往往充血，中间部分表皮常被腐蚀成1个圆形的或不规则形状的透明小窗。

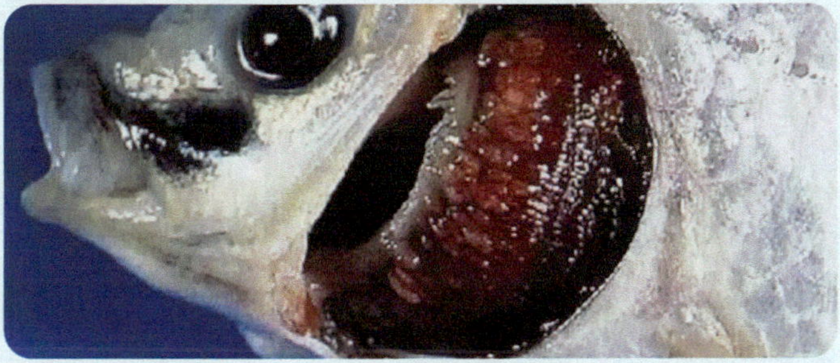

防治措施：

疾病早期、发病季节定期泼洒外用药。外用药可任选下列一种。

★ 每立方米水体用浓度为15~20毫克/升的生石灰溶液全池泼洒，每半个月1次。

★ 每立方米水体用浓度为 1.0~1.2 毫克 / 升的漂白粉（有效氯含量 25%~30%）全池泼洒。

★ 每立方米水体用大黄经 20 倍 0.3% 的氨水浸泡提效后，连水带渣全池泼洒，使池水浓度达到 2.5~3.7 毫克 / 升。

★ 每立方米水体用浓度为 2~4 毫克 / 升的五倍子（先粉碎后用开水浸泡 2 小时）溶液全池泼洒。

★ 每立方米水体用干乌桕叶（4 公斤鲜乌桕叶折合 1 公斤干乌桕叶）经 20 倍 2% 的生石灰浸泡过夜，再煮沸 10 分钟进行提效，连水带渣全池泼洒，使池水浓度达到 3.7 毫克 / 升。病情严重时可采用外用药与内服药相结合的方式进行治疗。

★ 每公斤鱼体重每天用 100~200 毫克复方磺胺甲噁唑粉拌饲投喂，连续投喂 3~5 天。

细菌性肠炎病

症状：

病鱼肛门红肿，腹腔积液，肠壁充血、发炎且呈红色或紫红色，严重时用手轻压腹部，有黄色黏液或脓血从肛门中流出。多数病鱼鳍条基部发炎，严重者甚至鳍条腐烂。解剖可见肠管中无食物，充满黄色黏液。

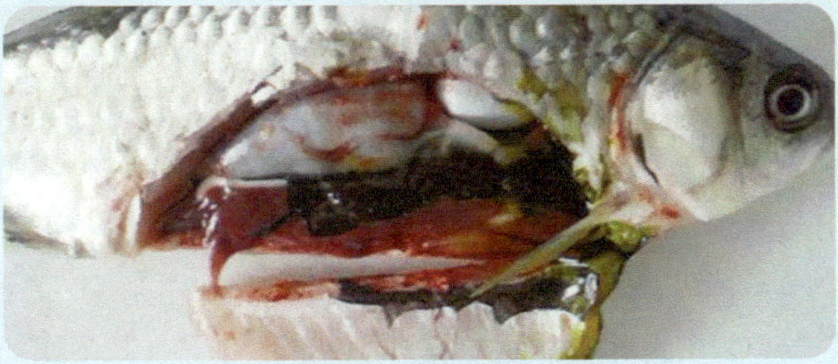

防治措施：

采用外用药与内服药相结合的方法进行治疗。

外用药：

每立方米水体用浓度为 1 毫克 / 升的漂白粉或 20 毫克 / 升的生石灰溶液全池泼洒，对水体进行消毒。

内服药可在下列药物中任选一种投喂：

★每公斤鱼体重每天用 5 克大蒜（用时捣烂）或 0.02 克大蒜素添加 0.5 克氯化钠拌饲投喂，分上午、下午两次，连续投喂 3 天。

★每公斤鱼体重第一天用 100 毫克磺胺二甲氧嘧啶拌饲投喂，第二天起每天改为 50 毫克，每天 1 次，连续投喂 1 周。

★每公斤鱼体重每天用 10~30 毫克恩诺沙星拌饲投喂，分上午、下午两次，连续投喂 3~5 天。

★每公斤鱼体重每天用 10~30 毫克硫酸新霉素拌饲投喂，分上午、下午两次，连续投喂 3~5 天。

★每公斤鱼体重每天用 5 克地锦草、5 克铁苋菜、5 克水辣蓼干草（单用或混用均可）研成粉，加 0.5 克氯化钠拌饲，分上午、下午两次，连续投喂 3 天。如与石灰乳（浓度为 20 毫克 / 升）联用，效果更好。

★每公斤鱼体重每天用穿心莲 20 克研成粉（或新鲜穿心莲 30 克打成浆），加 0.5 克氯化钠拌饲投喂，分上午、下午两次，连续投喂 3 天。

小瓜虫病

症状：

多子小瓜虫身体柔软可塑，当它钻进鲤鱼的皮肤和鳃组织内时，会剥取其细胞作营养。患该病的鲤鱼组织坏死，形成白色脓胞，发病处呈细小白点状，同时产生大量黏液，最终导致死亡。

小瓜虫病

多子小瓜虫

患小瓜虫病的鲤鱼

防治措施：

彻底清塘除淤，加强饲养管理，保持水体良好环境，增强鱼体抵抗力。目前该病的治疗比较困难，但采用以下方法防治具有一定效果。

★青蒿末：一次用量为每公斤鱼体重 0.3~0.4 克，拌饲投喂，每天 1 次，连用 3~5 天。

★辣椒粉和生姜：每立方米水体一次用量分别为 0.8~1.2 克和 1.5~2.2 克，加水煮沸 30 分钟后，连渣带汁全池泼洒，每天 1 次，连用 3~5 天。

斜管虫病

症状：

斜管虫大量侵袭鲤鱼的皮肤和鳃时，鲤鱼表皮组织因受到刺激而分泌大量黏液，同时组织被破坏，这会严重影响鱼的呼吸功能，进而造成鱼群大批量死亡。该病若发生在苗种阶段，会造成特别严重的后果。

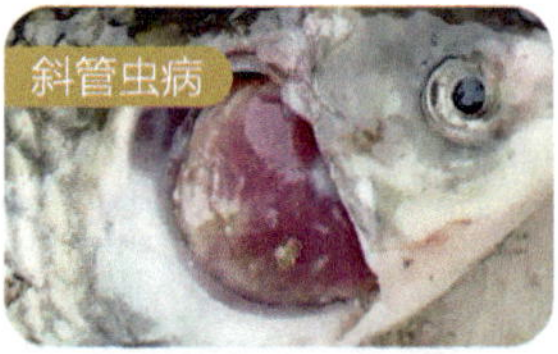

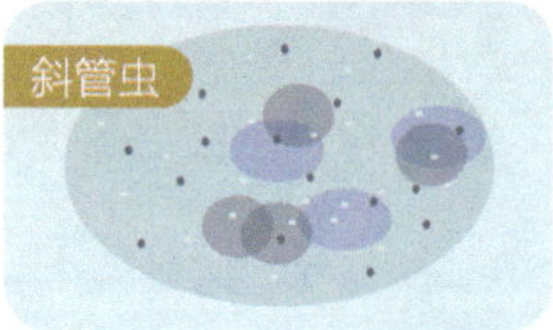

防治措施：

★ 清塘后，用生石灰彻底消毒。

★ 在饲养过程中发现斜管虫病后，每立方米水体用硫酸铜、硫酸亚铁（5 ：2）合剂 0.7 克，全池泼洒。

★ 鱼种入塘前应严格检查，如发现鱼种患有斜管虫病，可用 8 毫克 / 升的硫酸铜溶液浸洗鱼体 30 分钟。

第十篇

10

如何运输商品鱼？

商品鱼的运输

启运前的准备工作

★启运前，商品鱼可整齐拉网锻炼1次。

★做好检疫、免疫工作。

★除了要选择运输距离短、不太颠簸的路线之外，还要了解沿途各路段的行车时间和加水点的水质等情况。

★启运时间依情况而定：白天运输，便于观察、操作，行车安全，但车速受限；夜间运输，情况则恰好相反。

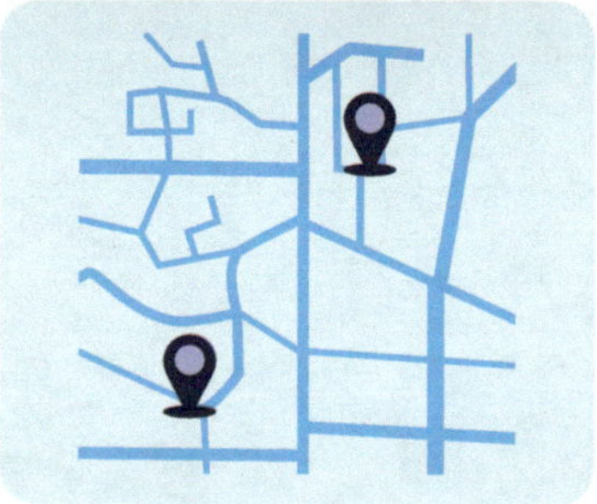

★收听天气预报，选择在晴天或阴天运输较好。

★要控制好运输量。

启运后的工作

沿途注意换水。换水时应注意：①水温温差不宜超过 4 ℃；②严禁加入被污染了的水；③启运后，每 6 小时左右换 1 次水，换水量为整箱水的 1/3~1/2。

附 录

名词解释

★ **饵料系数**：指在一定时期内鱼类消耗某种饵料重量和鱼类增加重量的比值，是评价不同饵料的营养价值和经济效果的指标。

★ **鱼长**：一般指鱼的全长，从鱼的口吻端到尾鳍末端的总长度。

★ **水花**：指由亲鱼产卵、受精孵化出的鱼苗至平游期的仔鱼。

★ **乌仔**：长度 1.0~1.5 厘米，一般指水花下塘后 7~10 天阶段。

★ **黄瓜片**：长度 2.0~2.5 厘米，形如黄瓜子大小，一般指水花下塘后 15~20 天阶段。

★ **寸片**：长度 3.0~3.5 厘米，一般指水花下塘后 25~30 天阶段。

★ **鱼苗**：指孵化出来的长度为 3 厘米左右的小鱼。

★ **鱼种**：指全身披鳞（无鳞鱼除外）的仔稚鱼到生长至形态和成鱼相似的幼鱼。

★ **亲鱼**：又叫亲本、种鱼，指用来繁育的鱼。

★ **商品鱼**：指规格较大的成鱼或食用鱼。